机器人，你好！
机器人会学习吗

[美] 威廉·D.亚当斯 著
丁将 译

ROBOTS THINKING AND LEARNING

中国出版集团
世界图书出版公司

机密档案 II

- ## 什么是人工智能？

  人工智能是计算机系统用类似于人类智能的方式处理信息的能力。

- ## 人工智能的应用领域

  人脸识别、语音识别、自动驾驶等。

- ## 机器人如何获得人工智能？

  通过机器学习，从数据和经验等中学习，并自动改进算法。

Robots: Robots Thinking and Learning

目 录
Contents

术语表的词汇在正文中
首次出现时为黄色。

机器人会学习吗

人类善于学习。通过上学、玩耍，人类借鉴经验，获取世界的信息，并融会贯通。

大多数机器人没有学习能力，必须经过人类的精心编程才能执行任务。如果发生意外，程序又没有告诉机器人该如何处理，机器人就会不知所措，等待人类的帮助。人类可以给机器人重新编程，执行不同的任务，但这不是学习，这是推倒重来。因为不能学习，所以机器人只能在结构化环境中工作，避免发生意外事件。

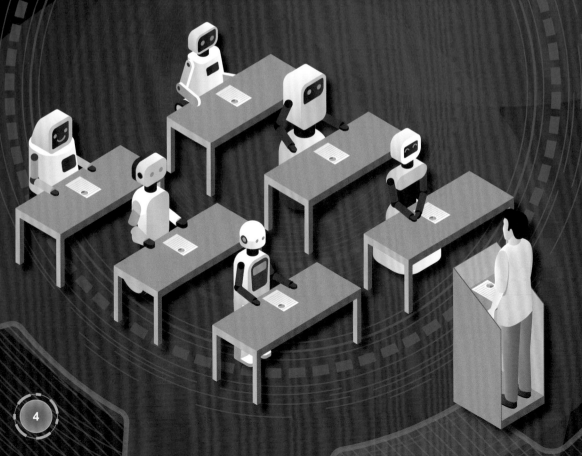

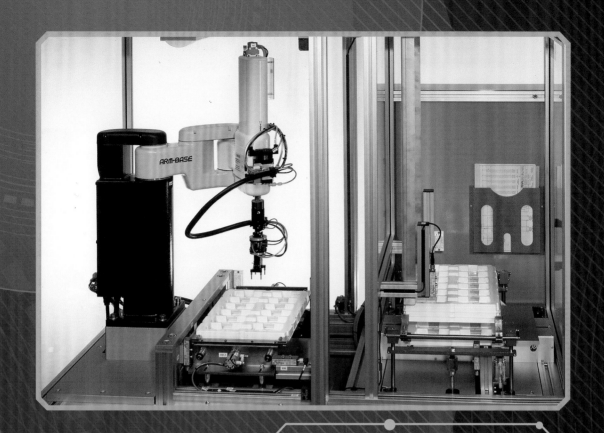

∧∧

机器人的缺点

机器人擅长做重复性的工作，
不善于学习新东西。

　　随着计算机和数据处理技术的不断进步，工程师和程序员也在设计
能在非结构化环境中工作的机器人。这些机器人将出现在人类的家里、
公司和街道。

　　这本书会为你介绍机器人如何应对环境的变化，你将了解机器人是
如何学习的，还会认识一些学习机器人。

机器人
有多智能

　　机器人非常擅长自己的工作。工业机器人能精准地组装零件；清洁机器人能避开楼梯和障碍物，不知疲倦地清洁地板……但机器人有多智能呢？机器人会不会很快取代我们所有的工作，甚至占领这个世界？

　　不用担心，你比任何一个机器人都聪明！人拥有通用智能，而机器人没有。一个机器人能完美地完成一项任务，它的"大脑"能以惊人的速度进行某项运算，但如果让它做其他事情，它就束手无策了。一个普通人的大脑运算速度虽然没有机器人的快，但能完成各种任务。

机器人缺乏完成新任务的智能，也缺乏相应的身体能力，人类则完全相反。这款割草机器人很擅长修剪草坪，但人类绝不会让它驾驶汽车。

机器人的"大脑"

　　每个机器人都有一台指导行为的计算机，工程师会选择最适合机器人工作的计算机。计算机程序会告诉机器人要实现什么目标，如何实现这些目标……几乎所有的机器人都有可以编程的软件，用来完成不同的目标。

　　传感器帮助机器人收集环境信息，计算机处理收集的信息，并根据存储在内存中的程序"想"出应对方法，指挥机器人的驱动器和末端执行器做出应对行为，这就是"感知-计划-行动"。

　　如果想让机器人在非结构化环境中应对尽可能多的情况，那么机器人的程序会非常复杂。当遇到了程序中没有设定的情况，机器人就束手无策了。

人形机器人索菲亚

索菲亚的头有一部分是透明的,里面有进行简单对话和控制面部电动机的硬件。

自主性

　　不受人的控制，机器人自己做出的决定和行为就是自主性。所有机器人都有自主性，有些机器人的自主性更高。没有一个机器人是完全自主的，所有机器人都需要人类的帮助——哪怕只是帮助机器人设定任务。

　　自主性很有用，但自主性程序很难编写。在工业机器人领域，为了避免编写太复杂的程序，工程师将机器人放置在精心设计的结构化环境中。在非结构化环境中，意外事件层出不穷，人不可能对所有可能发生的事件都做好计划。所以，未来的机器人需要对物体和事件进行分类，从过去的经验中学习，并知道何时向人类求助。

大多数工业机器人都被放置在精心设计的结构化环境中，以降低它们完成工作所需要的自主性。

人工智能

找到匹配项

一些自主性高的机器人可能拥有人工智能，人工智能是计算机系统用类似于人类智能的方式处理信息的能力。

曾经人们认为人工智能是一种遥遥无期的技术，现在人工智能已经非常普及了。一种技术一旦实现，就失去了神秘的色彩。人工智能并不像科幻小说那么玄乎，它已经改变了科学、经济和营销等许多领域。

如何制造一个有人工智能的机器人？这种机器人的编程策略分为两类：一类是自下而上的机器人技术，又叫基于行为的机器人技术；另一类是自上而下的机器人技术，也就是传统的机器人技术。

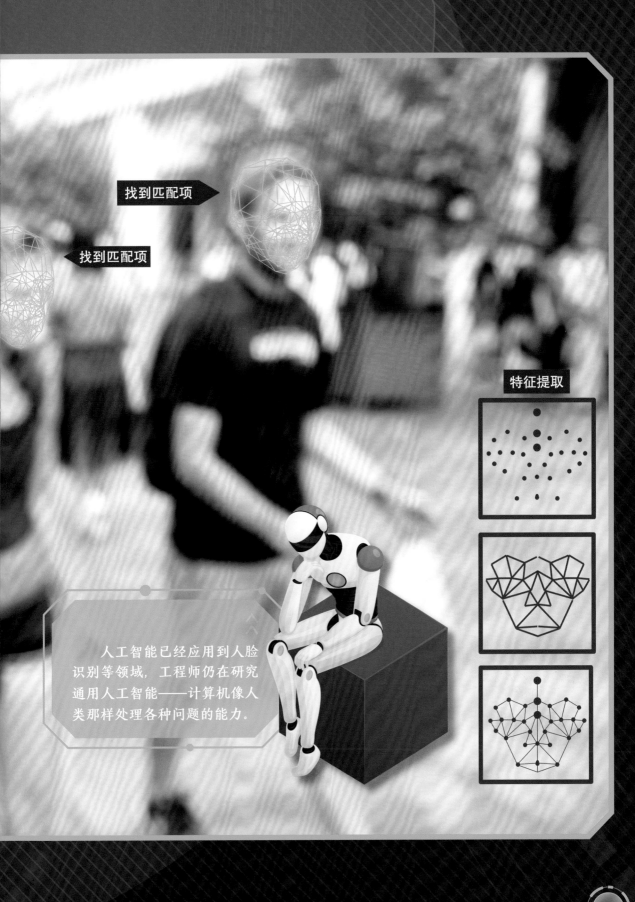

找到匹配项

找到匹配项

特征提取

人工智能已经应用到人脸识别等领域，工程师仍在研究通用人工智能——计算机像人类那样处理各种问题的能力。

自下而上的机器人技术

昆虫很小，脑袋也很小，身体一节一节的，但能在各种环境中生存。脑袋对于我们人类来说，非常重要，但对于昆虫，并没有那么重要，有些昆虫可以在没有脑袋的情况下活一段时间！

机器人 Genghis 的外观和工作方式都像昆虫。

有些工程师认为，仿照这些动物能制造智能机器人。将简单、独立的指令模块组合起来，就可以制造出能完成各种任务的机器人，这就是所谓的突现行为。这样的机器人不容易被破坏，也不容易因黑客的攻击而损毁。按照自下而上的机器人技术设计的机器人可以在模块损坏的情况下继续工作，并且有可能完成全部任务。

机器人 Cubelets

Cubelets 是按照自下而上的方式设计的机器人。孩子们将立方体模块叠在一起，搭建 Cubelets。每个模块都有特殊的部件和代码，方便孩子们控制。

利用自下而上的机器人技术可以制造便宜的、类似生物的机器人，这种机器人能模仿开心、恐惧、兴奋等情绪。

自下而上的机器人技术可以将简单的机器人做得非常逼真，让机器人显得特别智能。

>>>>

工程师不会用自下而上的机器人技术制造复杂的人形机器人，而是制造能帮我们解决严重问题的、无须监管的机器人群。这些机器人能大规模生产，价格低廉。它们能清除海洋中的塑料或收割农作物，就算被卡住或坏掉也不会觉得可惜。未来还会有其他机器人来收集损坏或卡住的机器人。

集群机器人也用到了自下而上的机器人技术。在一个群体中，许多简单的机器人聚集在一起，完成复杂的任务。

"你好，我们是

Elmer和Elsie！"

20 世纪 40 年代末，英国科学家威廉·格雷·沃尔特制造了两个自主机器人——Elmer 和 Elsie。这两个机器人有圆形的外壳，运动速度很慢，所以被称为"乌龟"。因为自下而上的机器人技术的限制，这两个机器人的作用并不大。但在这两个机器人的启发下，如今的工程师正致力于运用自下而上的机器人技术制造实用的机器人。

自主性

高

在光的引导下，Elmer 和 Elsie 可以在围墙内漫步。

大小

长 26 厘米。

名字的寓意

Elmer 代表机电机器人，Elsie 代表内外稳定、感光的机电机器人。

制造者

Elmer 和 Elsie 由英国科学家威廉·格雷·沃尔特制造。

自上而下的机器人技术

在自上而下的机器人技术中，机器人要先感知环境，建立环境模型，根据程序和模型计划行动，然后执行行动。与自下而上的机器人技术不同的是，这需要机器人的各个部分直接连接。如果机器人的某个硬件出现故障，或者代码被攻击破坏，机器人就难以正常运行。自上而下的机器人的优点是，可以将许多信息整合在一起形成计划，而自下而上的机器人无法做到这一点。

工厂是应用自上而下的机器人技术的最佳场所。在一条流水线上，机器人要完成的任务非常明确，将两个部件组装在一起，将小零件分类……而且每一步都会影响到下一步。

>>>>

机器学习

机器学习是人工智能的一个领域，研究的是如何从数据和经验中学习，并自动改进算法。想象一下，一辆自动驾驶汽车上路后，需要识别路况并做出相应的反应。如果这辆汽车存储了每个路牌、汽车和行人的图像，那么需要一个庞大的存储空间，它可能连搭载乘客的位置都没有。所以自动驾驶汽车在行驶过程中会进行机器学习，它的软件会随时对新的物体进行分类。

人们可以学习不同的语言、技能，还可以毫不费力地回忆起所学的东西。机器人虽然也可以学习，但目前学习能力有限。机器人能学习安全驾驶汽车、下棋……但任何一个机器人的学习能力都无法与人类的相提并论。

英国 DeepMind 公司开发的人工智能程序——AlphaStar，能够利用机器学习在电脑游戏《星际争霸Ⅱ》中与职业玩家抗衡。《星际争霸Ⅱ》是即时战略游戏，它还有隐藏信息，比象棋等回合制游戏更具挑战性。

监督学习

机器学习可以分为监督学习和无监督学习。在监督学习中，人类知道问题的正确答案。像自动驾驶汽车必须要遵守交通规则，而我们知道交通标识是什么样的。人们将交通标识输入到自动驾驶汽车的程序里，自动驾驶汽车通过监督学习进行训练，在训练中认识不同类型的交通标识。即使自动驾驶汽车在街上看到从未见过的交通标识时，也能识别出来。

在网购之前，你是不是曾做过一些小测试来证明你是人类？你可能在训练机器人！通过标记符号，人类给程序提供了学习的例子。谷歌公司设计了名为 reCAPTCHA 的一系列测试，用来训练 Waymo 公司（和谷歌公司一样，是 Alphabet 公司的子公司）的自动驾驶汽车在照片中认识路标等。

选择包含路标的图片。

包含路标的图片有_____。

无监督学习

在无监督学习中，人类不知道问题的答案。无监督学习比监督学习更有用，但更难设计，无监督学习不需要任何训练数据。

无监督学习可以帮助机器人提高工作效率。如果一辆自动驾驶汽车注意到行人会在每个工作日的特定时段穿过某个十字路口，那么这辆自动驾驶汽车可能会预测下一个工作日这个人也会出现，甚至在发现之前就开始减速。

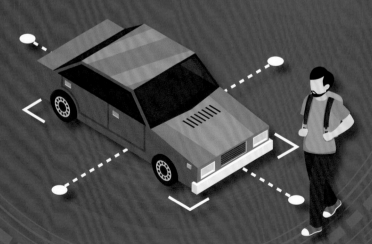

开车可不简单

除了识别路标，自动驾驶汽车
还要对行人的行为进行预测，以便
做出调整。

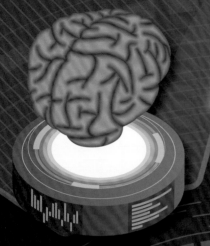

深度学习

　　人类的大脑有大量神经元细胞，神经元以复杂的网络形式相互连接形成神经系统。神经系统作为一个整体，让我们能够处理来自感官的信息，能够思考和记忆。计算机的神经网络通过模拟人类的神经系统的工作方式进行机器学习，这个过程就是深度学习。

　　在一项抓取试验中，人们为机械臂设计了神经网络。神经网络预设该如何抓取机器臂下方的物体，机器臂尝试以神经网络预设的方式抓取物体，然后将结果反馈给神经网络，从而不断改善预设数据。

深度学习是在大规模的数据中训练学习，可以得到更具代表性的特征信息，提高分类和预测的准确性。深度学习作为一种机器学习，可以让机器人更像人类，能够识别文字、图像和声音等。

深度学习也有缺点。计算机的硬件不像我们的大脑，计算机的神经网络需要先在计算机模拟，结果还不一定准确。另外，人脑有 1000 多亿个神经元，神经元之间的连接多达 50 万亿个，计算机的神经网络还没有如此规模，除非计算机在设计上有重大突破，否则计算机的神经网络永远达不到这个规模。

通过深度学习，机器人 iCub 可以数出在实验室中遇到的物体。

在示范中学习

当人们在工业机器人周围工作时，通常很危险。于是，人们发明了一种名为协作机器人的新型机器人。协作机器人不仅可以与人一起工作，还可以学习新任务。传统的工业机器人必须经过复杂的编程才能学会一项新任务，但协作机器人可以通过模仿学习被直接训练。人类移动协作机器人的末端执行器，完成新任务，一旦协作机器人通过引导完成了新任务，就会记住这个任务，并重复执行。

人类可以使用平板电脑"教"机器人 LBR IIWA 如何执行任务，也可以通过实践引导 LBR IIWA 完成任务。

>>>>

"你好，我叫

Baxter!"

　　机器人 Baxter 是一款协作机器人，可以在各种环境中与人类合作。Baxter 的设计灵活、友好、安全，在机器人研究实验室中特别受欢迎。

自主性

中

人类通过抓着 Baxter 的手臂示范，教会 Baxter 如何执行新任务。

重量

139 千克。

安全性

高

与大多数工业机器人不同，Baxter 可以与人类一起工作。Baxter 的速度与人类的差不多，驱动器有弹性，如果撞到东西，Baxter 的驱动器就会吸收冲击力。Baxter 还有个显示屏，可以向周围的人类发出信号，告诉人类它的手臂将向哪儿移动。

制造商

Baxter 由位于美国的 Rethink Robotics 公司制造。

机器人面临的挑战：

学习需要如此大费周章吗

想想人类花了多少时间学习。父母教孩子认识世界，学校教孩子知识……大多数人在工作前，都要花 20 多年的时间学习。

机器人也需要花费大量的时间学习。虽然机器人一天 24 小时都在学习，学习速度也比人类的快，但是机器学习需要投入大量人力。例如，在监督学习中，人们必须提供有标记的数据供机器人学习。

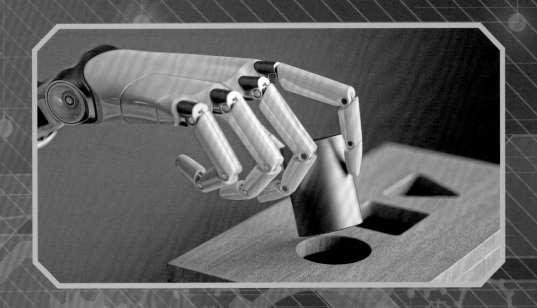

机器学习已经改变了处理数据的方式。工程师并没有制造出与人类学习方式完全相同的机器人，而是让机器人做擅长的事情，使机器人的学习更高效。

在玩中学

　　玩很重要。当婴儿晃动摇铃时，当蹒跚学步的孩子堆积木时，他们都是在学习。孩子们正在学习使用自己的身体，了解自己的身体是如何活动的、自己有多强壮，如何利用自己的身体来完成任务……孩子们也能认识物体，并产生情感。

　　这也适用于机器人。开始，机器人对如何执行任务一无所知，但人们通过编程让机器人四处移动或操纵物体来学习。以这种方式学习的机器人，当碰到意外状况（比如被物体挡住了路）时，仍能执行任务，它能通过摆弄类似的物体，学会如何做出反应，比如将物体移开或绕开。

人类会在玩中学到很多东西，工程师也希望机器人能够在玩中学习。

机器人的经验分享

人类的伟大之处在于，当我们有所发现时我们会广而告之，让所有人都知道我们的新发现，我们还建立专门储存知识的图书馆和传播知识的学校。如果我们的祖先不互相分享哪些植物有毒，哪种狩猎方式最好，人类就不会发展到今天。

大多数机器人不能互相学习。当两个工业机器人同时工作，其中一个机器人超常完成任务时，它无法告诉旁边的机器人是如何做到的。

但是，这一局限性正在逐渐消失。程序员通过网络连接同类型机器人，并让机器人分享经验，还有程序员设计了让各种机器人互相分享的系统。这种共享学习可能会让机器人的智能水平实现巨大飞跃。

AIR-Cobot 是一种专门检查飞机的机器人，它们能通过网络分享经验。正是因为这种共享机制，不论是在芝加哥，还是在北京，AIR-Cobot 的每一次检查都比上一次更快、更彻底。

>>>>

机器人的权利

有人认为，随着机器人越来越智能，政府应该给予机器人类似人类的权利。2017年，沙特阿拉伯授予索菲亚公民的身份。同年，欧洲联盟开始考虑给予一些机器人合法身份。

很多人担心，如果赋予机器人权利，当机器人做错事时，制造机器人的公司会逃避责任。这些人认为，制造机器人的公司应该对机器人造成的伤害负责，公司也需要付出更多，才有可能制造出与人类相提并论的智能机器人。

公民还是代言人？

索菲亚已经获得了沙特阿拉伯的公民身份，但还不清楚这究竟意味着什么，一些专家认为这只是一个噱头。

机器人的义务

　　机器人会进入更多非结构化环境中，在机器人拥有权利之前，我们应该考虑机器人需要承担哪些义务。美国作家艾萨克·阿西莫夫在短篇小说中提出了机器人对待人类的定律——"机器人三定律"。"机器人三定律"分别是：第一，机器人不能伤害人类，也不能眼睁睁看着人类受到伤害而袖手旁观；第二，机器人必须服从人类的命令，除非这条命令与第一定律相悖；第三，机器人在不违反前两条定律的前提下要尽可能保护自己。

　　虽然在现实中阿西莫夫笔下的智能机器人遥不可及，但他的"机器人三定律"启发了从事机器人研究的人们。随着更智能的机器人的诞生，工程师在设计时会考虑更多，防止机器人伤害人类。

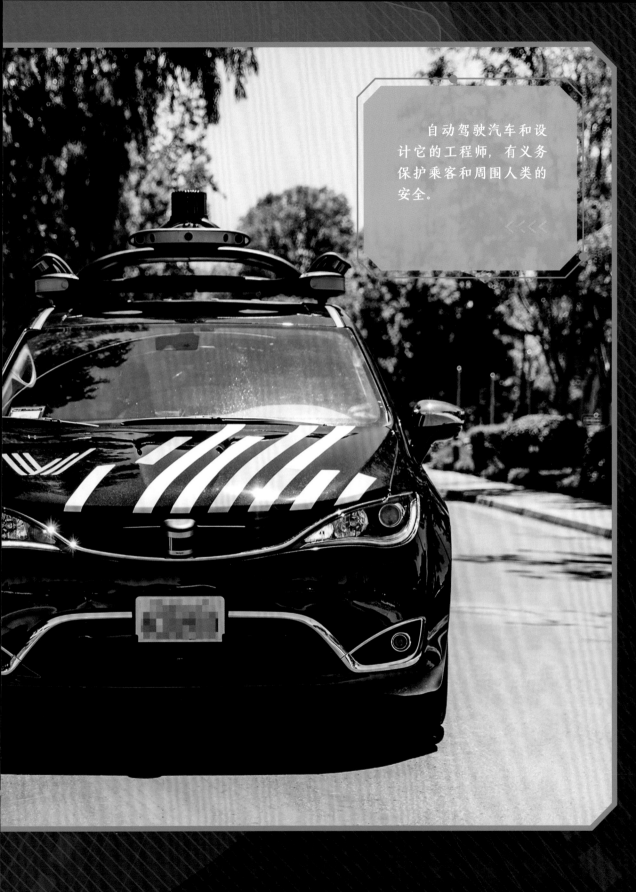

自动驾驶汽车和设计它的工程师，有义务保护乘客和周围人类的安全。

<<<<

未来的机器人

一个家庭机器人能学会把盘子放好，自动驾驶的送水车能计算出某个家庭什么时候需要送饮用水……随着机器人的思考和学习能力越来越强，机器人将变得越来越有用。

随着机器人变得越来越有用，人们出现了担心，有的人担心自动化会对就业产生影响。50多年来，工业机器人逐步取代工人，引发了一定的经济影响。研究人员预估，美国的每个工业机器人平均会取代5个以上的工人。未来100年内，机器人就算不能完成全部工作，也能做好大部分工作。随着机器人承担的工作越来越多，政府可能会减少每周的工作时间，或为每个公民提供基本收入等，确保机器人带给人们的是益处。

机器人中的"毕加索"

即使创造性的工作也不是铁饭碗。就像机器人Cloudpainter能画画一样，机器人还可以演奏音乐、写故事。虽然这些机器人现在只是人类艺术家的工具，但未来它们可能会像人类一样具有创造力。

>>>>

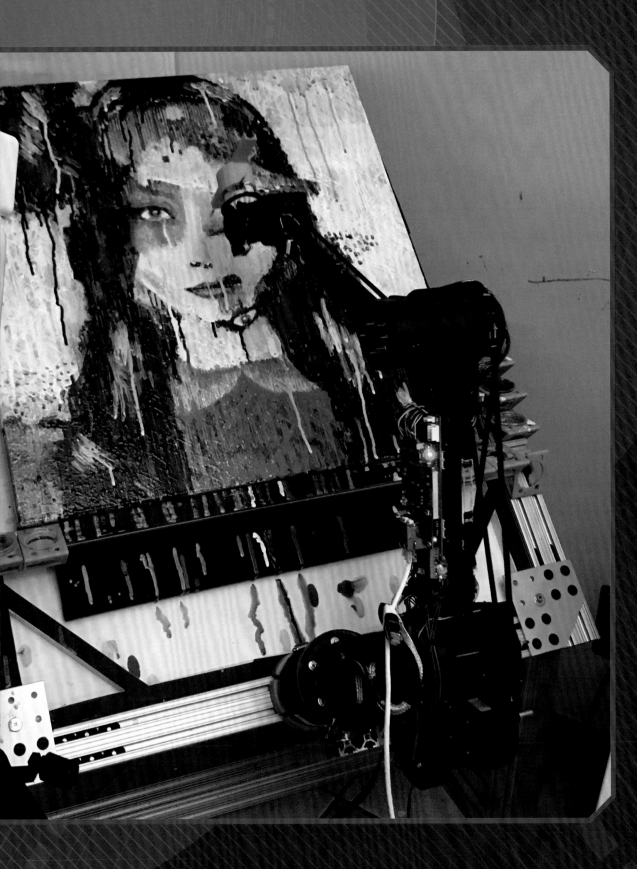

术语表

自下而上的机器人技术：又叫基于行为的机器人技术，主要研究系统结构，而不是算法。

自上而下的机器人技术：又叫传统的机器人技术，机器人要先感知环境，建立环境模型，根据程序和模型规划行动，然后执行行动。

代码：表示信息的符号组合。在计算机中，所有数据、程序输入时都必须转换为计算机能识别的二进制数字，这种二进制数字就是代码。

突现行为：从交互中突现出来，而不是在内部由机器人指定的行为。

黑客：水平高超的计算机专家，尤其是擅长程序设计的专才，也泛指擅长信息技术且常从事恶意行为的人。

机器学习：人工智能的一个领域，研究如何从数据和经验中学习，并自动改进算法。

监督学习：从标记的训练数据来推断一个功能的机器学习。

无监督学习：不知道数据与数据、特征与特征之间的关系，而是要根据一定的模型得出数据的关系。比起监督学习，无监督学习更像自学，让机器学会自己做事情。

神经网络：一种模拟人脑的神经网络，实现通用人工智能的机器学习技术。

深度学习：神经网络以神经系统的方式运作，通过模拟神经元的工作方式来学习和解决问题的方法。

协作机器人：可以和人类在生产线上密切合作的工业机器人。

模仿学习：通过示范进行模仿学习，是机械学习的一种，也叫学徒学习或基于演示的学习。

致谢

本书出版商由衷地感谢以下各方：

Cover   © Kirill Makarov, Shutterstock

4-5   © Tinnaporn Sathapornnanont, Shutterstock; © Sony Corporation

6-7   © Omer Faruk Boyaci, Shutterstock; Smithsonian Institution

8-9   Portrait of Jacques de Vaucanson (1784), oil on canvas by Joseph Boze; Academy of Sciences/Institut de France (Paris); Public Domain

10-11   © Kazuhiro Nogi, Getty Images

12-13   © Jeremy Sutton-Hibbert, Alamy Images

14-15   © Kazuhiro Nogi, Getty Images; Humanrobo (licensed under CC BY-SA 3.0)

16-17   © Rodrigo Reyes Marin/AFLO/Alamy Images

18-19   © RoboCup Federation

20-21   Peter Schulz (licensed under CC BY-SA 4.0); © RoboCup Federation

22-23   © SoftBank Robotics

24-25   © Francois Nel, Getty Images; © Philip Lange, Shutterstock

27-29   © Georgia Institute of Technology

30-31   © Bettmann/Getty Images; © Jack Taylor, Getty Images

32-33   Public Domain; © CBS Toys

34-35   © Anki

36-37   © Matthew Fearn, PA Images/Getty Images; © Innvo Labs Corporation

38-39   © Sony Corporation

40-41   © Good Moments/Shutterstock; © Ned Snowman, Shutterstock

42-43   © Ozobot & Evollve; © Sphero

44-45   © Wonder Workshop, Inc; © Alesia Kan, Shutterstock

索引